JIKKYO NOTEBOOK

スパイラル数学II　学習ノート

【図形と方程式】

　本書は，実教出版発行の問題集「スパイラル数学II」の2章「図形と方程式」の全例題と全問題を掲載した書き込み式のノートです。本書をノートのように学習していくことで，数学の実力を身につけることができます。

　また，実教出版発行の教科書「新編数学II」に対応する問題には，教科書の該当ページを示してあります。教科書を参考にしながら問題を解くことによって，学習の効果がより一層高まります。

目　次

JN073274

2

1節　点と直線

⋰1　直線上の点

SPIRAL A

*98　次の2点間の距離を求めよ。　　　　　　　　　　　　　　　　　　▶教p.60 例1

(1)　A(3)，B(−2)　　　　　　　　　　(2)　B(−4)，C(−1)

(3)　原点O，A(4)

99　下の数直線上の点 P(5)，Q(10)，R(−1) は，線分 AB をどのような比に内分または外分するか。　　　　　　　　　　　　　　　　　　　　　　　　▶教p.61 例2, p.62 例3

R(−1)　　A(1)　　　　P(5)　B(7)　　　Q(10)

100 2点 A(-6)，B(4) に対して，次の点の座標を求めよ。 ▶教 p.61 例2

*(1) 線分 AB を $3:2$ に内分する点 C 　　　*(2) 線分 AB を $2:3$ に内分する点 D

(3) 線分 AB を $7:3$ に内分する点 E 　　　(4) 線分 AB の中点 F

101 2点 A(-2)，B(6) に対して，次の点の座標を求めよ。 ▶教 p.62 例3

*(1) 線分 AB を $5:1$ に外分する点 C 　　　*(2) 線分 AB を $1:5$ に外分する点 D

(3) 線分 AB を $5:3$ に外分する点 E 　　　(4) 線分 AB を $3:5$ に外分する点 F

SPIRAL B

*102 2点 A(-1)，B(7) を結ぶ線分 AB を $5:3$ に内分する点を C，$5:3$ に外分する点を D
とするとき，次の問いに答えよ。

(1) 線分 CD の長さを求めよ。

(2) 点 B は，線分 CD をどのような比に内分するか。

(3) 点 A は，線分 CD をどのような比に外分するか。

❖2 平面上の点

*103 点 A(3, −4) は，どの象限の点か。また，点Aと x 軸，y 軸，原点に関して対称な点をそれぞれ B，C，D とするとき，これらの点の座標を求めよ。　　　　　▶教p.63例4

104 次の2点間の距離を求めよ。　　　　　▶教p.64例5

*(1) A(1, 2), B(5, 5)

(2) O(0, 0), D(3, −4)

(3) D(3, 8), E(−2, −4)

*(4) F(6, −3), G(7, −3)

6

105 次のような 2 点について，x，y の値を求めよ。 ▶敎 p.65 例題1

*(1)　2 点 A$(0,\ -2)$，B$(x,\ 1)$ 間の距離が 5

(2)　2 点 C$(-1,\ -2)$，D$(x,\ 4)$ 間の距離が 10

*(3)　2 点 E$(1,\ 3)$，F$(-2,\ y)$ 間の距離が $\sqrt{13}$

106 2点 A$(-1,\ 4)$，B$(5,\ -2)$ に対して，次の点の座標を求めよ。　　▶教 p.66 例6

(1) 線分 AB を 2：1 に内分する点　　　　＊(2) 線分 AB を 1：5 に内分する点

＊(3) 線分 AB の中点　　　　　　　　　(4) 線分 AB を 2：5 に外分する点

107 次の3点を頂点とする △ABC の重心 G の座標を求めよ。　　▶教 p.67 例題2

(1) A$(0,\ 1)$，B$(3,\ 4)$，C$(6,\ -2)$　　　　＊(2) A$(5,\ -2)$，B$(-2,\ 1)$，C$(3,\ -5)$

SPIRAL B

108 3点 A(5, −2), B(2, 6), C を頂点とする △ABC の重心 G の座標は (1, 2) である。このとき, 点 C の座標を求めよ。　　　　　　　　　　　　　　　　　　　　▶教 p.67 例題2

*109 4点 A(−1, 3), B(2, −2), C(7, 1), D を頂点とする四角形 ABCD が平行四辺形であるとき, 次の問いに答えよ。

(1) 対角線 AC の中点 M の座標を求めよ。

(2) 点 D の座標を求めよ。

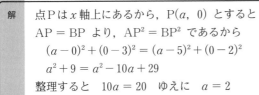

| 例題 16 | 2点 A(0, 3), B(5, 2) から等しい距離にある x 軸上の点Pの座標を求めよ。 |

| 解 | 点Pは x 軸上にあるから, P(a, 0) とすると
AP = BP より, AP^2 = BP^2 であるから
$(a-0)^2 + (0-3)^2 = (a-5)^2 + (0-2)^2$
$a^2 + 9 = a^2 - 10a + 29$
整理すると $10a = 20$ ゆえに $a = 2$
よって, 点Pの座標は (**2**, **0**) 答 | 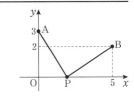 |

110 次の2点から等しい距離にある x 軸上の点Pと y 軸上の点Qの座標をそれぞれ求めよ。

(1) A(1, 2), B(3, 4)

*(2) C(−5, 2), D(3, −5)

```

---

例題 17 — 2点間の距離の利用〔2〕

3点 A(1, 3), B(-1, 0), C(2, -2) を頂点とする △ABC はどのような形の三角形か。

**解**

$AB^2 = (-1-1)^2 + (0-3)^2 = 13$

$BC^2 = \{2-(-1)\}^2 + (-2-0)^2 = 13$

$CA^2 = (1-2)^2 + \{3-(-2)\}^2 = 26$

ゆえに $AB = BC$ かつ $AB^2 + BC^2 = CA^2$

よって，△ABC は ∠B が直角の直角二等辺三角形である。 答

*111 3点 A(-2, 3), B(-4, -1), C(2, 1) を頂点とする △ABC はどのような形の三角形か。
```

SPIRAL C

対称点の座標

例題 18	点 A(1, 3) に関して，点 P(−2, 5) と対称な点 Q の座標を求めよ。	▶数 p.104 章末1

解 　点 Q の座標を (a, b) とすると
　線分 PQ の中点が点 A であるから

$$\frac{-2+a}{2} = 1, \quad \frac{5+b}{2} = 3$$

　これより　$a = 4, \ b = 1$
　よって，点 Q の座標は **(4, 1)** 答

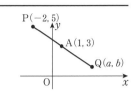

*112　点 A(2, −1) に関して，点 P(5, 2) と対称な点 Q の座標を求めよ。

*113　△ABC の重心をGとするとき

$$AB^2 + BC^2 + CA^2 = 3(GA^2 + GB^2 + GC^2)$$

が成り立つことを証明せよ。　　　　　　　　　　　　　　▶教 p.65 応用例題1，p.67 例題2

114 △ABC において，辺 BC を 3 等分する 2 点を D，E とするとき

$$AB^2 + AC^2 = AD^2 + AE^2 + 4DE^2$$

が成り立つことを証明せよ。

▶教 p.65 応用例題1

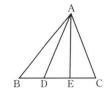

3 直線の方程式

115 次の方程式で表される直線を図示せよ。　　　　　　　　　　▶教p.68例7

(1) $y = 3x - 2$

(2) $y = -x + 2$

(3) $y = 1$

(4) $y = \dfrac{1}{3}x - 1$

*116 次の直線の方程式を求めよ。 ▶教p.69例8

(1) 点 $(4,\ 3)$ を通り，傾きが 2 の直線

(2) 点 $(-1,\ 5)$ を通り，傾きが -3 の直線

117 次の2点を通る直線の方程式を求めよ。 ▶教p.71例9

(1) $(4,\ 2),\ (5,\ 6)$

*(2) $(2,\ 3),\ (3,\ -5)$

*(3) $(-1,\ 4),\ (1,\ -4)$

(4) $(-2,\ 0),\ (0,\ 6)$

*(5) $(-3, \ -1), \ (3, \ -1)$ (6) $(2, \ -5), \ (2, \ 4)$

118　次の図の直線 l の方程式を求めよ。　　　　　　　　▶教p.71 例9

(1)
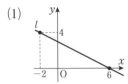

(2)
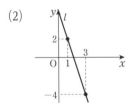

(3)
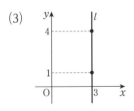

119 次の方程式の表す直線の傾きと y 切片を求めよ。 ▶教p.72例10

*(1) $x - 3y + 6 = 0$

*(2) $\dfrac{x}{3} + \dfrac{y}{2} = 1$

*120 x 切片が 2, y 切片が -3 である直線の方程式を求めよ。 ▶教p.72例10

121 2直線 $2x-3y+1=0,\ x+2y-3=0$ がある。 ▶教 p.73 例題3
このとき，次の問いに答えよ。

(1) この2直線の交点 A の座標を求めよ。

(2) 点 A と点 B$(-1,\ 3)$ を通る直線の方程式を求めよ。

SPIRAL B

――直線上にある条件

例題 19

3 点 A(5, 2),B(3, a),C(a, 0) が一直線上にあるとき,a の値を求めよ。

▶教 p.104章末4

解

2 点 A,B を通る直線の方程式は

$$y - 2 = \frac{a-2}{3-5}(x-5)$$

この直線上に点 C(a, 0) があれば,3 点 A,B,C は一直線上にある。

よって $0 - 2 = \dfrac{a-2}{3-5}(a-5)$ より $a^2 - 7a + 6 = 0$

すなわち $(a-1)(a-6) = 0$ ゆえに $\boldsymbol{a = 1, 6}$ **答**

別解

直線 AB と直線 AC は,点 A を共有しているから,傾きが一致すれば 3 点 A,B,C は一直線上にある。

よって $\dfrac{a-2}{3-5} = \dfrac{0-2}{a-5}$ より $(a-2)(a-5) = (-2) \times (-2)$

$a^2 - 7a + 6 = 0$ これを解くと $\boldsymbol{a = 1, 6}$ **答**

---

*122 次の 3 点が一直線上にあるとき,a の値を求めよ。

(1) A(1, 3),B(7, −3),C(a, 4)

(2) A(5, a),B(1, −4),C($a+3$, 2)

123 2直線 $2x+5y-3=0$, $3x-2y+8=0$ の交点と点 $(-2,\ 3)$ を通る直線の方程式を求めよ。

▶教p.81思考力✚

124 k は定数とする。直線 $(2k+1)x-(k+3)y-3k+1=0$ は，k の値に関係なく定点を通ることを示せ。また，その座標を求めよ。

▶教p.81思考力✚

4 　2直線の関係

*125　次の直線のうち，互いに平行であるもの，互いに垂直であるものはどれとどれか。

▶教p.74例11, p.75例12

① $y = 3x - 2$　　② $y = 4x + 3$　　③ $y = -x + 4$

④ $y = -3x + 5$　　⑤ $4x + y + 6 = 0$　　⑥ $4x - 4y - 3 = 0$

⑦ $12x - 4y + 5 = 0$　　⑧ $3x - 12y = 6$

互いに平行 （　　　　　）

互いに垂直 （　　　　　）

126 点 $(1, 2)$ を通り，次の直線に平行な直線および垂直な直線の方程式をそれぞれ求めよ。

▶教 p.76 例題4

(1) $y = 3x - 4$

*(2) $x - y - 5 = 0$

(3) $2x + y + 1 = 0$

*(4) $x = 4$

127 原点 O と次の直線の距離を求めよ。 ▶教p.78例13

(1) $4x + 3y - 1 = 0$

(2) $x - y + 2 = 0$

(3) $y = 3x + 5$

(4) $x = -2$

128 点 $(3, 2)$ と次の直線の距離を求めよ。 ▶教p.79例14

(1) $x - y + 3 = 0$

(2) $5x - 12y - 4 = 0$

(3) $y = 2x + 1$

(4) $y = 6$

▶教 p.77 応用例題2

SPIRAL B

129 次の点の座標を求めよ。

*(1) 直線 $x+y+1=0$ に関して，点 A(3, 2) と対称な点 B の座標

(2) 直線 $4x-2y-3=0$ に関して，点 A(4, -1) と対称な点 B の座標

例題 **20** 2点 A$(-3,\ 6)$, B$(1,\ -2)$ を結ぶ線分 AB の垂直二等分線の方程式を求めよ。

解 線分 AB の中点の座標は

$$\left(\frac{-3+1}{2},\ \frac{6+(-2)}{2}\right)\ \text{より}\quad (-1,\ 2)$$

ここで, 直線 AB の傾きは

$$\frac{-2-6}{1-(-3)}=-2$$

求める垂直二等分線の傾きを m とすると

$$-2\times m=-1\ \text{より}\quad m=\frac{1}{2}$$

よって, 求める垂直二等分線の方程式は, 点 $(-1,\ 2)$ を通り傾きが $\frac{1}{2}$ の直線の方程式であるから

$$y-2=\frac{1}{2}\{x-(-1)\}\ \text{すなわち}\quad \boldsymbol{x-2y+5=0}\ \ 答$$

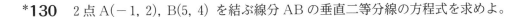

*130 2点 A$(-1, 2)$, B$(5, 4)$ を結ぶ線分 AB の垂直二等分線の方程式を求めよ。

SPIRAL C

131 3点 A(1, 1), B(2, 4), C(−2, 1) について, 次の問いに答えよ。

(1) 2点 A, B 間の距離を求めよ。

(2) 直線 AB の方程式を求めよ。

(3) 点 C と直線 AB の距離を求めよ。

(4) △ABC の面積を求めよ。

*132 直線 $y = 3x$ と平行で，原点からの距離が $\sqrt{10}$ である直線の方程式を求めよ。

133 3点 A$(0, 4)$, B$(-2, 0)$, C$(4, 0)$ を頂点とする △ABC がある。
次の問いに答えよ。

(1) 頂点 B から対辺 AC に引いた垂線 BP の方程式を求めよ。

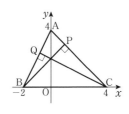

(2) 頂点 C から対辺 AB に引いた垂線 CQ の方程式を求めよ。

(3) BP と CQ の交点の座標を求めよ。

(4) 各頂点から引いた 3 つの垂線は，1 点で交わることを示せ。

2節　円

1 円の方程式

SPIRAL A

134 次の円の方程式を求めよ。　　　　　　　　　　　▶教p.82 例1

*(1)　中心が点 $(-2,\ 1)$ で，半径 4 の円

*(2)　中心が原点で，半径 4 の円

(3)　中心が点 $(3,\ -2)$ で，半径 1 の円

(4)　中心が点 $(-3,\ 4)$ で，半径 $\sqrt{5}$ の円

135 次の円の方程式を求めよ。 ▶教 p.83 例2

(1) 中心が点 $(2, 1)$ で，原点を通る円

*(2) 中心が点 $(1, -3)$ で，点 $(-2, 1)$ を通る円

(3) 中心が点 $(3, 2)$ で，x 軸に接する円

*(4) 中心が点 $(-4, 5)$ で，y 軸に接する円

136 次の円の方程式を求めよ。 ▶教p.83例題1

*(1) 2点 A(3, 7), B(−5, 1) を直径の両端とする円

(2) 2点 A(−1, 2), B(3, 4) を直径の両端とする円

137 次の方程式は，どのような図形を表すか。 ▶教 p.84 例3

*(1) $x^2 + y^2 - 6x + 10y + 16 = 0$

(2) $x^2 + y^2 - 4x - 6y + 4 = 0$

(3) $x^2 + y^2 = 2y$

*(4) $x^2 + y^2 + 8x - 9 = 0$

138 次の 3 点を通る円の方程式を求めよ。 ▶教 p.85 例題2

(1) O(0, 0), A(1, 3), B(−1, −1)

*(2) A(1, 2), B(5, 2), C(3, 0)

SPIRAL B

139 次の円の方程式を求めよ。また，その中心の座標と半径を求めよ。

(1) 中心が y 軸上にあり，2点 $(-2, 3)$, $(1, 0)$ を通る円

(2) 2点 $(4, 1)$, $(-3, 8)$ を通り，x 軸に接する円

(3) 点 $(2, \ -1)$ を通り，x 軸と y 軸の両方に接する円

SPIRAL C

円の方程式の条件

例題 21

方程式 $x^2+y^2+6x-8y+m^2=0$ が円を表すように，定数 m の値の範囲を定めよ。

考え方　方程式 $(x-a)^2+(y-b)^2=k$ は，$k>0$ のとき円を表す。

解　$x^2+y^2+6x-8y+m^2=0$ を変形すると
$\quad (x+3)^2+(y-4)^2=25-m^2$
この式は，$25-m^2>0$ のとき円を表すから
$m^2-25<0$ より　$(m+5)(m-5)<0$
よって，方程式 $x^2+y^2+6x-8y+m^2=0$ が円を表す m の値の範囲は
$\quad -5<m<5$ 　答

140 方程式 $x^2+y^2+2mx+m+2=0$ が円を表すように，定数 m の値の範囲を定めよ。

例題
22
中心が直線 $y-x+5$ 上にあり，2 点 $(7, 4)$，$(-1, 2)$ を通る円の方程式を求めよ。

考え方 直線 $y=mx+n$ 上の点の x 座標を t とすると，y 座標は $mt+n$ である。

解 求める円の半径を r，直線 $y=x+5$ 上にある中心を $(t, t+5)$ とすると，
円の方程式は $(x-t)^2+(y-t-5)^2=r^2$ ……①
点 $(7, 4)$ を通るから $(7-t)^2+(4-t-5)^2=r^2$
点 $(-1, 2)$ を通るから $(-1-t)^2+(2-t-5)^2=r^2$

これらを整理すると $\begin{cases} 2t^2-12t+50=r^2 & \cdots\cdots② \\ 2t^2+8t+10=r^2 & \cdots\cdots③ \end{cases}$

③−②より $20t-40=0$ すなわち $t=2$
また，$t=2$ を③に代入すると $r^2=2\times2^2+8\times2+10=34$
よって，求める円の方程式は，①より $(x-2)^2+(y-7)^2=34$ **答**

141 中心が直線 $y=2x-1$ 上にあり，2 点 $(-1, 3)$，$(5, 1)$ を通る円の方程式を求めよ。

2 | 円と直線(1)

*142 次の円と直線の共有点の座標を求めよ。 ▶教 p.86 例題3, p.87 例題4

(1) $x^2 + y^2 = 25,\ y = x + 1$

(2) $x^2 + y^2 = 10,\ 3x + y - 10 = 0$

*143 次の円と直線 $y = -2x + 5$ の共有点の個数を求めよ。

(1) $x^2 + y^2 = 6$

(2) $x^2 + y^2 = 5$

(3) $x^2 + y^2 = 4$

144 次の円と直線が共有点をもつとき，定数 m の値の範囲を求めよ。 ▶教p.88例題5

(1) $x^2 + y^2 = 5$, $y = 2x + m$

*(2) $x^2 + y^2 = 10$, $3x + y = m$

44

*145　円 $(x-1)^2+y^2=8$ と直線 $y=x+m$ が共有点をもたないとき，定数 m の値の範囲を求めよ。

▶教p.88例題5

*146　円 $x^2+y^2=r^2$ と次の直線が接するとき，円の半径 r の値を求めよ。　▶教p.89例題6
(1)　$y=x+2$
(2)　$3x-4y-15=0$

147 次の円上の点 P における接線の方程式を求めよ。 ▶教 p.90 例4

*(1) $x^2 + y^2 = 25$, P$(-3, 4)$

(2) $x^2 + y^2 = 5$, P$(2, -1)$

*(3) $x^2 + y^2 = 9$, P$(3, 0)$

(4) $x^2 + y^2 = 16$, P$(0, -4)$

*148 点 A(2, 1) から円 $x^2 + y^2 = 1$ に引いた接線の方程式を求めよ。　　　　▶教 p.91 例題7

149 円 $x^2+y^2=10$ と直線 $x-3y+m=0$ が接するとき，定数 m の値と接点の座標を求めよ。

*150 円 $x^2+y^2+4y=0$ と直線 $y=mx+2$ の共有点の個数を調べよ。
ただし，m は定数とする。

151 点 $(7, 1)$ から円 $x^2 + y^2 = 25$ に引いた 2 つの接線の接点を A, B とするとき，次の問い
に答えよ。

(1) 接点 A, B の座標を求めよ。

(2) 直線 AB の方程式を求めよ。

*152 円 $x^2 + y^2 = 4$ と直線 $x + y + 1 = 0$ の 2 つの交点を A, B
とするとき，弦 AB の長さを求めよ。

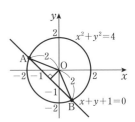

∴2 円と直線⑵

SPIRAL A

*153 中心が C(3, 1) で，円 $x^2 + y^2 = 40$ に内接している円の方程式を求めよ。　▶教p.92 例題8

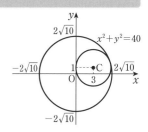

154 中心が C(8, 4) で，円 $x^2 + y^2 = 20$ に外接している円の方程式を求めよ。　▶教p.92 例題8

*155   2つの円

$$(x-1)^2 + y^2 = 4 \quad \cdots\cdots① , \quad (x-4)^2 + (y+4)^2 = r^2 \quad (r > 0) \quad \cdots\cdots②$$

が外接しているとき，r の値を求めよ。また，内接しているとき，r の値を求めよ。

▶教 p.92 例題8

156 外接する2つの円 $x^2 + y^2 = 4$, $(x-4)^2 + (y+3)^2 = 9$ の接点の座標を求めよ。

*157 2つの円 $(x-1)^2 + (y-r)^2 = r^2$, $(x-r)^2 + (y-1)^2 = r^2$ が接するとき，r の値と接点の座標を求めよ。ただし，$r > 0$ とする。

3節 軌跡と領域

1 │ 軌跡と方程式

SPIRAL A

158 次の条件を満たす点Pの軌跡を求めよ。　　　　　　　　　　　　▶教p.94例1

*(1)　2点 A(4, 0)，B(0, 2) から等距離にある点P

(2)　2点 A(−1, 2)，B(−2, −5) から等距離にある点P

*(3)　2点 A(2, 0)，B(0, 1) に対して，$AP^2 - BP^2 = 1$ を満たす点P

(4)　2点 A(−3, 0)，B(3, 0) に対して，$AP^2 + BP^2 = 20$ を満たす点P

159 次の条件を満たす点Pの軌跡を求めよ。 ▶教 p.95 例題1

*(1)　2点 A$(-2,\ 0)$，B$(6,\ 0)$ に対して，AP：BP $= 1：3$ を満たす点P

(2)　2点 A$(0,\ -4)$，B$(0,\ 2)$ に対して，AP：BP $= 2：1$ を満たす点P

▶教 p.96 応用例題1

SPIRAL B

*160 点 Q が円 $x^2 + y^2 = 16$ の周上を動くとき，次の問いに答えよ。

(1) 点 A(8, 0) と点 Q を結ぶ線分の中点 M の軌跡を求めよ。

(2) 点 A(8, 0) と点 Q を結ぶ線分 AQ を $3:1$ に内分する点 P の軌跡を求めよ。

*161　点 Q が直線 $x-2y+2=0$ 上を動くとき，点 A$(2, -3)$ と点 Q を結ぶ線分 AQ を $1:2$ に内分する点 P の軌跡を求めよ。

162　点 A$(1, 2)$ に関して，B(a, b) と対称な点を P とする。　▶教p.104章末5
(1)　点 P の座標を a, b を用いて表せ。

(2)　点 B が直線 $x-2y-1=0$ 上を動くとき，点 P の軌跡を求めよ。

163 点 Q が放物線 $y = x^2$ 上を動くとき，次の点 A と点 Q を結ぶ線分 AQ の中点 M の軌跡を求めよ。

(1) A(0, 4)

(2) A(4, −4)

SPIRAL C

例題
23　2つの直線 $x-2y=0$, $2x+y=0$ からの距離が等しい点 P の軌跡を求めよ。

解　点Pの座標を (x, y) とする。

点Pと2直線との距離が等しいから

$$\frac{|x-2y|}{\sqrt{1^2+(-2)^2}}=\frac{|2x+y|}{\sqrt{2^2+1^2}}$$

ゆえに

$$x-2y=\pm(2x+y)$$

よって，求める点の軌跡は

$$x-2y=2x+y \quad \text{と} \quad x-2y=-(2x+y)$$

すなわち

2直線 $x+3y=0$, $3x-y=0$　答

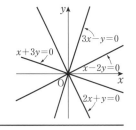

164　2つの直線 $y=0$, $x-y=0$ からの距離が等しい点 P の軌跡を求めよ。

例題 24 a の値が変化するとき，放物線 $y=(x-a)^2-a^2+1$ の頂点Pの軌跡を求めよ。

解 放物線の頂点Pの座標は　　　P$(a,\ -a^2+1)$

P$(x,\ y)$ とすると

　　　$x=a,\ y=-a^2+1$

この2式から a を消去すると

　　　$y=-x^2+1$

よって，求める軌跡は

　　　放物線 $y=-x^2+1$ 答

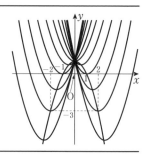

*165　a の値が変化するとき，放物線 $y=x^2+2ax+2a^2+5a-4$ の頂点Pの軌跡を求めよ。

∴2 不等式の表す領域

166 次の不等式の表す領域を図示せよ。　　　　　　　　　▶教 p.98 例2

*(1) $y > 2x - 5$

(2) $y < -x - 2$

*(3) $y \geqq x + 1$

(4) $y \leqq -3x + 6$

*(5) $2x - 3y - 6 > 0$

(6) $x - 2y + 4 \geqq 0$

167 次の不等式の表す領域を図示せよ。 ▶教p.98例3

*(1)　$x < 2$

(2)　$x + 4 \geqq 0$

*(3)　$y > -3$

(4)　$2y - 3 \leqq 0$

168 次の不等式の表す領域を図示せよ。 ▶教p.99例4

*(1)　$(x - 1)^2 + (y + 3)^2 \leqq 9$

*(2)　$x^2 + y^2 + 4x - 2y > 0$

(3) $x^2 + y^2 > 1$

(4) $x^2 + (y-1)^2 < 4$

*(5) $x^2 + y^2 - 2y < 0$

(6) $x^2 + y^2 - 6x - 2y + 1 \leqq 0$

SPIRAL B

*169 次の図の斜線部分の領域を表す不等式を求めよ。

(1)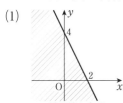
境界線を含む

(2)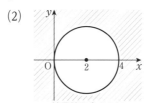
境界線を含まない

⋇3 | 連立不等式の表す領域

SPIRAL A

170 次の連立不等式の表す領域を図示せよ。 ▶教p.100練習7

*(1) $\begin{cases} y > x + 1 \\ y < -2x + 3 \end{cases}$
(2) $\begin{cases} y \geqq -x + 3 \\ y \geqq 2x - 3 \end{cases}$

*(3) $\begin{cases} x - y - 4 < 0 \\ 2x + y - 8 < 0 \end{cases}$
(4) $\begin{cases} x - y + 2 \geqq 0 \\ 3x - y + 6 \leqq 0 \end{cases}$

171 次の連立不等式の表す領域を図示せよ。 ▶教 p.101 例題2

*(1) $\begin{cases} x^2 + y^2 > 4 \\ y > x - 1 \end{cases}$
\qquad\qquad (2) $\begin{cases} x^2 + y^2 \leqq 9 \\ x + y \geqq 2 \end{cases}$

*(3) $\begin{cases} x^2 + (y-1)^2 > 4 \\ x - y + 1 > 0 \end{cases}$
\qquad\qquad (4) $\begin{cases} (x-1)^2 + y^2 \leqq 1 \\ 2x - y - 1 \leqq 0 \end{cases}$

172 次の連立不等式の表す領域を図示せよ。 ▶教 p.101 例題2

(1) $\begin{cases} (x+2)^2 + y^2 > 4 \\ (x-2)^2 + y^2 < 9 \end{cases}$

*(2) $\begin{cases} (x-2)^2 + (y+2)^2 \leqq 4 \\ (x-1)^2 + y^2 \leqq 9 \end{cases}$

173 次の不等式の表す領域を図示せよ。 ▶教p.101 応用例題2

*(1) $(x-y)(x+y) > 0$

(2) $(x+y+1)(x-2y+4) \leqq 0$

(3) $x(y-2) \geqq 0$

*(4) $(x-y)(x^2+y^2-4) < 0$

174 次の不等式の表す領域を図示せよ。

(1) $-2 < x - y < 2$

*(2) $4 \leqq x^2 + y^2 \leqq 9$

175 次の図の境界線を含まない斜線部分の領域を表す不等式を求めよ。　　▶p.104章末6

(1)

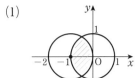

(2)

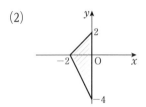

(3)

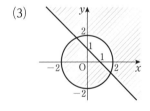

176 x, y が 4 つの不等式 $x \geqq 0$, $y \geqq 0$, $2x + y \leqq 6$, $x + 2y \leqq 6$ を同時に満たすとき, $2x + 3y$ の最大値と最小値を求めよ。 ▶教 p.102 応用例題3

SPIRAL C

連立不等式の表す領域の利用

例題 25 2種類の薬剤 S, T の1g中に含まれる成分 A, B の量と S, T の1g の価格は右の表のとおりである。A, B をそれぞれ 10 mg, 15 mg 以上とるとき, 最小の費用にするには, S, T をそれぞれ何 g ずつとればよいか。また, そのときの費用はいくらか。 ▶教 p.105章末11

	成分A	成分B	価格
薬剤S	2 mg	1 mg	2円
薬剤T	1 mg	3 mg	3円

解 薬剤 S, T をそれぞれ x g, y g とるときの費用を k 円とすると

$k = 2x + 3y$ ……①

また, 条件より, 次の不等式が成り立つ。

$x \geqq 0, \ y \geqq 0, \ 2x + y \geqq 10, \ x + 3y \geqq 15$

これらを同時に満たす領域 D は右の図の斜線部分である。

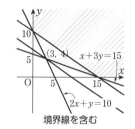
境界線を含む

①は $y = -\dfrac{2}{3}x + \dfrac{k}{3}$ と変形できるから,

傾き $-\dfrac{2}{3}$, y 切片 $\dfrac{k}{3}$ の直線を表す。

この直線①が, 領域 D 内の点を通るときの y 切片 $\dfrac{k}{3}$ の最小値を調べればよい。

y 切片 $\dfrac{k}{3}$ は, 直線①が点 $(3, 4)$ を通るとき最小となる。

よって $k = 2 \times 3 + 3 \times 4 = 18$ より S, T をそれぞれ **3 g**, **4 g** とればよい。

このとき, 費用は **18 円**である。**答**

177 2種類の菓子 S, T を 1 ケース製造するときに必要な食材 A, B の量と S, T の利益は右の表のとおりである。A, B の在庫がそれぞれ 14 kg, 13 kg であるとき, 最大の利益を得るには, S, T をそれぞれ何ケースずつ製造すればよいか。また, そのときの利益はいくらか。

	食材A	食材B	利益
菓子S	1 kg	2 kg	3 万円
菓子T	3 kg	1 kg	2 万円

解答

98 (1) **5** (2) **3** (3) **4**

99 点 P は AB を **2 : 1 に内分する**

点 Q は AB を **3 : 1 に外分する**

点 R は AB を **1 : 4 に外分する**

100 (1) **C(0)** (2) **D(−2)**

(3) **E(1)** (4) **F(−1)**

101 (1) **C(8)** (2) **D(−4)**

(3) **E(18)** (4) **F(−14)**

102 (1) **15** (2) **1 : 4 に内分する**

(3) **1 : 4 に外分する**

103 点 A(3, −4) は**第 4 象限**の点

点 B, C, D の座標は

B(3, 4), C(−3, −4), D(−3, 4)

104 (1) **5** (2) **5** (3) **13** (4) **1**

105 (1) $x=\pm 4$ (2) $x=7, -9$

(3) $y=1, 5$

106 (1) **(3, 0)** (2) **(0, 3)**

(3) **(2, 1)** (4) **(−5, 8)**

107 (1) **(3, 1)** (2) **(2, −2)**

108 **C(−4, 2)**

109 (1) **M(3, 2)** (2) **D(4, 6)**

110 (1) 点 P の座標は **(5, 0)**

点 Q の座標は **(0, 5)**

(2) 点 P の座標は $\left(\dfrac{5}{16}, 0\right)$

点 Q の座標は $\left(0, -\dfrac{5}{14}\right)$

111 **∠A が直角の直角二等辺三角形**

112 **Q(−1, −4)**

113 次の図のように，2 点 B，C を x 軸上にとり，A(a, b)，B($-c$, 0)，C(c, 0) とすると，△ABC の重心 G の座標は

$$\left(\frac{a+(-c)+c}{3}, \frac{b+0+0}{3}\right)$$

より G$\left(\dfrac{a}{3}, \dfrac{b}{3}\right)$

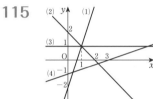

$\text{AB}^2+\text{BC}^2+\text{CA}^2$
$=\{(-c-a)^2+(0-b)^2\}$
$\qquad +\{c-(-c)\}^2$
$\qquad +\{(a-c)^2+(b-0)^2\}$
$=2a^2+2b^2+6c^2$

$\text{GA}^2+\text{GB}^2+\text{GC}^2$
$=\left\{\left(a-\dfrac{a}{3}\right)^2+\left(b-\dfrac{b}{3}\right)^2\right\}+\left\{\left(-c-\dfrac{a}{3}\right)^2+\left(0-\dfrac{b}{3}\right)^2\right\}$
$\qquad +\left\{\left(c-\dfrac{a}{3}\right)^2+\left(0-\dfrac{b}{3}\right)^2\right\}$

$=\dfrac{2a^2+2b^2+6c^2}{3}$

よって $\text{AB}^2+\text{BC}^2+\text{CA}^2=3(\text{GA}^2+\text{GB}^2+\text{GC}^2)$

114 右の図のように，E を原点，3 点 B，C，D を x 軸上にとり，

$\quad$ A(a, b)，B($-2c$, 0)

$\quad$ C(c, 0)，D($-c$, 0)

とする。

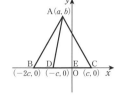

AB^2+AC^2
$=\{(-2c-a)^2+(0-b)^2\}+\{(c-a)^2+(0-b)^2\}$
$=2a^2+2b^2+5c^2+2ac$

$\text{AD}^2+\text{AE}^2+4\text{DE}^2$
$=\{(-c-a)^2+(0-b)^2\}+(a^2+b^2)+4\{0-(-c)\}^2$
$=2a^2+2b^2+5c^2+2ac$

よって $\text{AB}^2+\text{AC}^2=\text{AD}^2+\text{AE}^2+4\text{DE}^2$

115

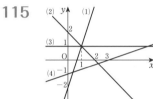

116 (1) $y=2x-5$ (2) $y=-3x+2$

117 (1) $y=4x-14$ (2) $y=-8x+19$

(3) $y=-4x$ (4) $y=3x+6$

(5) $y=-1$ (6) $x=2$

118 (1) $y=-\dfrac{1}{2}x+3$ (2) $y=-3x+5$

(3) $x=3$

119 (1) 傾きは $\dfrac{1}{3}$，y 切片は **2**

(2) 傾きは $-\dfrac{2}{3}$，y 切片は **2**

120 $3x-2y-6=0$

121 (1) **(1, 1)** (2) $y=-x+2$

122 (1) $a=0$ (2) $a=-8, 2$

123 $8x+y+13=0$

124 直線 $(2k+1)x-(k+3)y-3k+1=0$ を変形すると $(2x-y-3)k+(x-3y+1)=0$

よって $\begin{cases} 2x-y-3=0 \\ x-3y+1=0 \end{cases}$

ならば，どのような k の値に対しても

$\quad (2x-y-3)k+(x-3y+1)=0$

が成り立つ。

この連立方程式を解くと

$x=2$, $y=1$

したがって，この直線は k の値に関係なく

定点 $(2, 1)$ を通る。

125 互いに平行なのは ①と⑦

互いに垂直なのは ③と⑥，⑤と⑧

126 (1) 点 $(1, 2)$ を通り，直線 $y=3x-4$ に

平行な直線の方程式は $3x-y-1=0$

垂直な直線の方程式は $x+3y-7=0$

(2) 点 $(1, 2)$ を通り，直線 $x-y-5=0$ に

平行な直線の方程式は $x-y+1=0$

垂直な直線の方程式は $x+y-3=0$

(3) 点 $(1, 2)$ を通り，直線 $2x+y+1=0$ に

平行な直線の方程式は $2x+y-4=0$

垂直な直線の方程式は $x-2y+3=0$

(4) 点 $(1, 2)$ を通り，直線 $x=4$ に

平行な直線の方程式は $x=1$

垂直な直線の方程式は $y=2$

127 (1) $\dfrac{1}{5}$ (2) $\sqrt{2}$

(3) $\dfrac{\sqrt{10}}{2}$ (4) 2

128 (1) $2\sqrt{2}$ (2) 1

(3) $\sqrt{5}$ (4) 4

129 (1) $(-3, -4)$

(2) $(-2, 2)$

130 $3x+y-9=0$

131 (1) $\sqrt{10}$ (2) $3x-y-2=0$

(3) $\dfrac{9\sqrt{10}}{10}$ (4) $\dfrac{9}{2}$

132 $y=3x+10$, $y=3x-10$

133 (1) $x-y+2=0$

(2) $x+2y-4=0$

(3) $(0, 2)$

(4) 頂点Aから対辺BCに引いた垂線は y 軸であり，

BP と CQ の交点 $(0, 2)$ は y 軸上の点であるから，

各頂点から引いた 3 つの垂線は 1 点

$(0, 2)$ で交わる。

134 (1) $(x+2)^2+(y-1)^2=16$

(2) $x^2+y^2=16$

(3) $(x-3)^2+(y+2)^2=1$

(4) $(x+3)^2+(y-4)^2=5$

135 (1) $(x-2)^2+(y-1)^2=5$

(2) $(x-1)^2+(y+3)^2=25$

(3) $(x-3)^2+(y-2)^2=4$

(4) $(x+4)^2+(y-5)^2=16$

136 (1) $(x+1)^2+(y-4)^2=25$

(2) $(x-1)^2+(y-3)^2=5$

137 (1) 中心が点 $(3, -5)$ で，半径 $3\sqrt{2}$ の円

(2) 中心が点 $(2, 3)$ で，半径 3 の円

(3) 中心が点 $(0, 1)$ で，半径 1 の円

(4) 中心が点 $(-4, 0)$ で，半径 5 の円

138 (1) $x^2+y^2+8x-6y=0$

(2) $x^2+y^2-6x-4y+9=0$

139 (1) $x^2+(y-2)^2=5$

中心は点 $(0, 2)$，半径は $\sqrt{5}$

(2) $(x-1)^2+(y-5)^2=25$

中心は点 $(1, 5)$，半径は 5

$(x-9)^2+(y-13)^2=169$

中心は点 $(9, 13)$，半径は 13

(3) $(x-1)^2+(y+1)^2=1$

中心は点 $(1, -1)$，半径は 1

$(x-5)^2+(y+5)^2=25$

中心は点 $(5, -5)$，半径は 5

140 $m<-1$, $2<m$

141 $(x-3)^2+(y-5)^2=20$

142 (1) $(-4, -3)$, $(3, 4)$ (2) $(3, 1)$

143 (1) 2個 (2) 1個 (3) 0個

144 (1) $-5\leqq m\leqq5$ (2) $-10\leqq m\leqq10$

145 $m<-5$, $3<m$

146 (1) $r=\sqrt{2}$ (2) $r=3$

147 (1) $-3x+4y=25$ (2) $2x-y=5$

(3) $x=3$ (4) $y=-4$

148 $y=1$, $4x-3y=5$

149 $m=\pm10$

$m=10$ のとき，接点の座標は $(-1, 3)$

$m=-10$ のとき，接点の座標は $(1, -3)$

150 $m<-\sqrt{3}$, $\sqrt{3}<m$ のとき

共有点は 2 個

$m=\pm\sqrt{3}$ のとき

共有点は 1 個

$-\sqrt{3}<m<\sqrt{3}$ のとき

共有点は 0 個（なし）

151 (1) $(3, 4)$ および $(4, -3)$

(2) $7x+y=25$

152 $\sqrt{14}$

153 $(x-3)^2+(y-1)^2=10$

154 $(x-8)^2+(y-4)^2=20$

155 外接しているとき $r=3$

内接しているとき $r=7$

156 $\left(\dfrac{8}{5}, -\dfrac{6}{5}\right)$

157 $r=\sqrt{2}-1,\ \left(\dfrac{\sqrt{2}}{2},\ \dfrac{\sqrt{2}}{2}\right)$

158 (1) 直線 $2x-y-3=0$

(2) 直線 $x+7y+12=0$

(3) 直線 $2x-y-1=0$

(4) 中心が原点で，半径が1の円

159 (1) 点 $(-3,\ 0)$ を中心とする半径3の円

(2) 点 $(0,\ 4)$ を中心とする半径4の円

160 (1) 点 $(4,\ 0)$ を中心とする半径2の円

(2) 点 $(2,\ 0)$ を中心とする半径3の円

161 直線 $3x-6y-14=0$

162 (1) $P(2-a,\ 4-b)$

(2) 直線 $x-2y+7=0$

163 (1) 放物線 $y=2x^2+2$

(2) 放物線 $y=2x^2-8x+6$

164 2直線 $x-(\sqrt{2}+1)y=0$,
$x+(\sqrt{2}-1)y=0$

165 放物線 $y=x^2-5x-4$

166 (1)

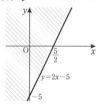

境界線を含まない

(2)

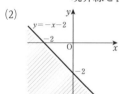

境界線を含まない

(3)

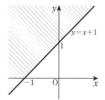

境界線を含む

(4)

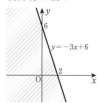

境界線を含む

(5)

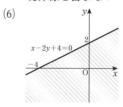

境界線を含まない

(6)

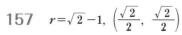

境界線を含む

167 (1)

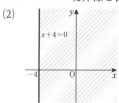

境界線を含まない

(2)

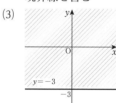

境界線を含む

(3)

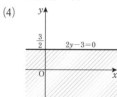

境界線を含まない

(4)

2y-3=0

境界線を含む

168 (1)

$(x-1)^2+(y+3)^2=9$

境界線を含む

(2)

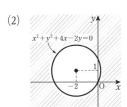

境界線を含まない

(3)

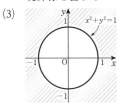

境界線を含まない

(4)

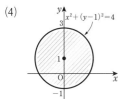

境界線を含まない

(5)

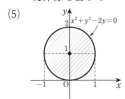

境界線を含まない

(6)

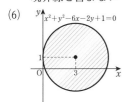

境界線を含む

169 (1) $y \leqq -2x+4$

(2) $(x-2)^2+y^2>4$

170 (1)

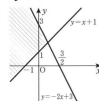

境界線を含まない

(2)

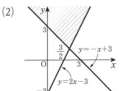

境界線を含む

(3)

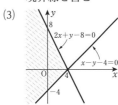

境界線を含まない

(4)

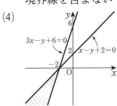

境界線を含む

171 (1)

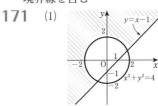

境界線を含まない

(2)

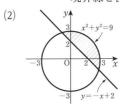

境界線を含む

(3)

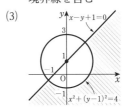

境界線を含まない

(4)

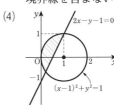

境界線を含む

172 (1)
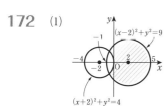
境界線を含まない

(2)
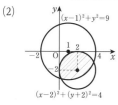
境界線を含む

173 (1)
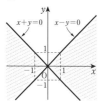
境界線を含まない

(2)
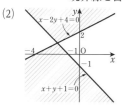
境界線を含む

(3)
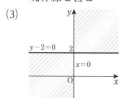
境界線を含む

(4)
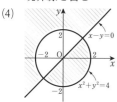
境界線を含まない

174 (1)
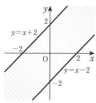
境界線を含まない

(2)
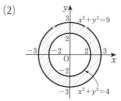
境界線を含む

175 (1) $\begin{cases} x^2+y^2<1 \\ (x+1)^2+y^2<1 \end{cases}$

(2) $\begin{cases} x<0 \\ y<x+2 \\ y>-2x-4 \end{cases}$

(3) $(x^2+y^2-4)(x+y-1)>0$

176 $x=2,\ y=2$ のとき，最大値 10
$x=0,\ y=0$ のとき，最小値 0

177 菓子 S，T をそれぞれ 5 ケース，3 ケースずつつくればよい。このとき，利益は 21 万円である。

スパイラル数学Ⅱ学習ノート
図形と方程式

●編　者　実教出版編修部

●発行者　小田　良次

●印刷所　寿印刷株式会社

●発行所　実教出版株式会社

〒102-8377
東京都千代田区五番町5
電話＜営業＞(03)3238-7777
　　　＜編修＞(03)3238-7785
　　　＜総務＞(03)3238-7700
https://www.jikkyo.co.jp/

002402023　　　　　　　ISBN 978-4-407-35674-8